有声伴读

神奇的动物朋友们

U0157182

妈妈有个藏宝袋

李硕 编著

浙江摄影出版社
全国百佳图书出版单位

在茂密的森林
里，小刺猬认识了
新朋友小袋鼠。

小刺猬歪着头，好奇地问："小袋鼠，我的家在灌木丛里，你的家在哪里呀？"

小袋鼠笑着说："我的妈妈有个特别的口袋，叫作育儿袋，那里就是我的家。"

说完，小袋鼠飞快地钻进袋鼠妈妈的育儿袋里，淘气地探出了小脑袋。

小袋鼠向小刺猬讲起了自己小时候的故事。

"听妈妈说，我刚出生的时候非常小，看起来就像一条小蚯蚓。出生后，妈妈把我放进它的育儿袋里，如果没有育儿袋，我几乎不可能活下来。"

小刺猬指着袋鼠妈妈的育儿袋，问："小袋鼠，你从生下来开始，就一直住在这个袋子里吗？"
　　"是啊，这个袋子就像温暖的房子，可以很好地保护我。"

"啊，我饿了！小刺猬，你稍等我一下。"
小袋鼠说完，就又一头钻进了袋鼠妈妈的育儿袋里。

过了一会儿，一头雾水的小刺猬才重新见到小袋鼠。

"小袋鼠，你刚刚干什么去了？"小刺猬好奇地问。

"妈妈的袋子里有奶水！我刚刚吃奶去了。"小袋鼠笑着说。

　　小袋鼠从育儿袋里跳出来，继续和小刺猬聊天。

　　"到了六七个月的时候，我会慢慢离开育儿袋，学习野外生存的本领。"小袋鼠说。

　　"真有趣！"小刺猬说。

突然，远处传来了一阵响亮的蝉鸣。

小袋鼠吓了一跳，一溜烟钻回育儿袋里，躲了起来。

"小袋鼠，你会在育儿袋里住多久呢？"小刺猬问。

"等育儿袋容纳不下我时，我就要搬出来住了。"小袋鼠答。

这一天，小袋鼠和小刺猬在一起晒太阳。

"你猜，我在妈妈的育儿袋里发现了什么？"小袋鼠神秘地说。

"是什么呀？"小刺猬好奇地问。

"里面藏着我刚出生的弟弟妹妹，哈哈！"小袋鼠笑着说。

为了让小袋鼠们有个更舒适的家，
袋鼠妈妈会经常"打扫"育儿袋。
瞧，它用前肢将袋口拉开，用舌头
将袋子里里外外舔得干干净净！

小刺猬还发现，不仅袋鼠妈妈有育儿袋，袋獾妈妈、袋熊妈妈和考拉妈妈也有育儿袋。

"妈妈的育儿袋是个藏宝袋，也是我们最温暖的家！"小袋鼠、小袋貂、小袋熊和小考拉齐声说。

责任编辑　瞿昌林
责任校对　高余朵
责任印制　汪立峰

项目策划　北视国
装帧设计　太阳雨工作室

图书在版编目（CIP）数据

妈妈有个藏宝袋 / 李硕编著 . -- 杭州 ：浙江摄影
出版社 ， 2022.6
　（神奇的动物朋友们）
　ISBN 978-7-5514-3917-6

　Ⅰ . ①妈… Ⅱ . ①李… Ⅲ . ①动物－少儿读物
Ⅳ . ① Q95-49

中国版本图书馆 CIP 数据核字 (2022) 第 069011 号

MAMA YOU GE CANGBAODAI

妈妈有个藏宝袋

（神奇的动物朋友们）

李硕　编著

全国百佳图书出版单位
浙江摄影出版社出版发行
　　　地址：杭州市体育场路 347 号
　　　邮编：310006
　　　电话：0571-85151082
　　　网址：www.photo.zjcb.com
制版：北京市大观音堂鑫鑫国际图书音像有限公司
印刷：三河市天润建兴印务有限公司
开本：787mm×1092mm　1/12
印张：2.67
2022 年 6 月第 1 版　　2022 年 6 月第 1 次印刷
ISBN 978-7-5514-3917-6
定价：49.80 元